Jules LELOUP

L'Aérostation dirigeable européenne

en Janvier 1910

UNE CARTE
DEUX SIMILIGRAVURES

Prix : 2 francs

PARIS

LIBRAIRIE P. ROSIER

26, RUE RICHELIEU, 26

1910

L'Aérostation dirigeable européenne

européenne

JULES LELOUP

L'Aérostation dirigeable européenne

en Janvier 1910

Suivie de commentaires

1° Sur les Hélicoptères et Centres d'études officiels
2° Sur la destruction de la Galerie des Machines

PARIS

Librairie P. ROSIER

26, RUE RICHELIEU, 26

1910

Préface

Nous ne ferons pas l'historique de l'aérostation dirigeable. Ce serait aujourd'hui tout à fait inutile. D'excel-
lents ouvrages très documentés, fort artistement illustrés,
de très intéressantes conférences, se sont depuis longtemps chargés du soin d'instruire le grand public. Les
nombreux articles que la presse prodigue actuellement
sur la question auraient, en outre, s'il en avait été besoin,
par la discussion d'une multitude de menus détails, para-
chevé le savoir des plus indifférents.

Les moyens successivement mis en œuvre par l'homme
depuis ses premières aspirations à la conquête de l'empire de l'air, les rudes étapes qui jalonnèrent l'évolution
de ses premiers travaux, sont à tous devenus familiers.

Nous exposerons simplement, avec ses causes, ses
formes, ses conséquences possibles, et, aussi, nos vœux,
la situation, au début de 1910, de l'Europe militaire, de
l'Europe militaire armée du nouvel engin d'investigation,
d'attaque et de défense que lui ont donné dans un effort
commun la science aérostatique et la science mécanique.

J. L.

CARTE DES CHEMINS DE FER
et des principales fortifications permanentes
d'ALSACE-LORRAINE
avec indication des effectifs de troupes stationnées dans chaque région
ou tenues à proximité.

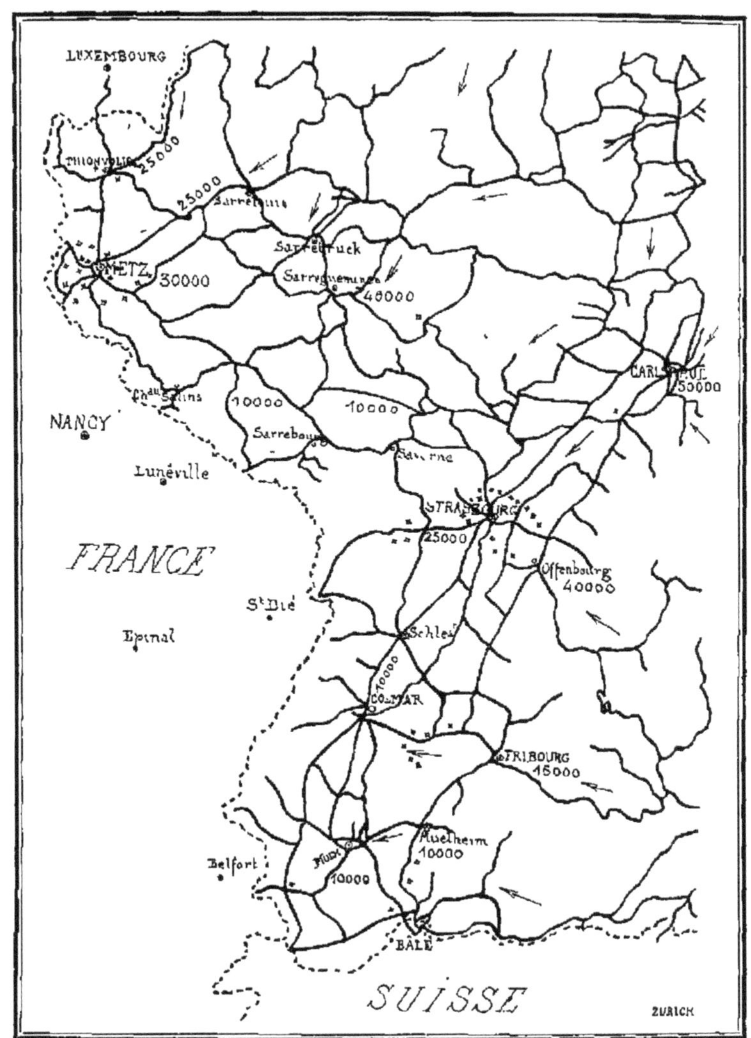

LUXEMBOURG
THIONVILLE
25000
25000
Sarrelouis
Sarrebruck
METZ
30000
Sarreguemines
40000
CARLSRUHE
50000
Ch.au Salins
10000
10000
NANCY
Sarrebourg
Saverne
Lunéville
STRASBOURG
25000
FRANCE
Offenbourg
40000
St Dié
Schlet
Epinal
COLMAR
10000
FRIBOURG
15000
Muelheim
10000
Belfort
MUNX
10000
BÂLE
SUISSE
ZURICH

Nota. — Les flèches indiquent les directions des mouvements à prévoir.

L'Aérostation dirigeable européenne

Tout d'abord, considérons les effectifs en dirigeables des nations européennes.

Ces effectifs nous ont été récemment révélés par un vaillant aéronaute, M. Capazza, dont tout le monde connaissait déjà la pétulante crânerie méridionale, mais dont nous avons à présent à saluer le courage patriotique qui l'a porté à parler haut devant l'apathie administrative[1].

Ces effectifs, les voici :

	DIRIGEABLES MILITAIRES		DIRIGEABLES CIVILS	
1er GROUPE	En service effectif	En construction	En service effectif	En construction
Angleterre ...	»	5	»	»
Russie	3	2	»	»
France	»	2	1	»
	3	9	1	»
Belgique	1	2	»	»
2e GROUPE				
Allemagne ...	15	?	16	?
Autriche ..	3	2	»	»
Italie	4	7	»	»
	22	9	16	»
Espagne......	»	1	»	1

---

1. M. Capazza, envoyé en Allemagne en octobre 1909 par le

L'examen du tableau ci-dessus est tristement éloquent.

Ainsi, la guerre survenant inopinément trouverait la France privée, tout au moins pendant les premières journées de mobilisation, du plus précieux moyen d'information mis à la disposition des armées modernes. Ce ne serait que plus tard qu'elle pourrait disposer des deux unités qu'elle a en construction, lesquelles ne sont encore qu'à leurs périodes de mise au point et d'essais, périodes auxquelles il est toujours fort difficile de fixer une durée même approximativement. Il est superflu d'ajouter que les trois ballons de notre alliée la Russie ne nous seraient pas directement d'un grand secours. Ils sont là-bas, à quelque 1.200 ou 1.500 kilomètres de notre frontière, c'est un peu loin pour bien distinguer les batteries qui s'élèveraient aux alentours de Verdun.

Cependant, disons-le bien vite, un ballon — un ballon de l'industrie civile — pourrait-être utilisé. C'est l'aéronat de la Société « Zodiac » que les Parisiens voient fréquemment venir de son hangar de Saint-Cyr pour leur rendre de courtoises visites et aussi, sans doute, leur apporter un peu d'espoir. Comme ce ballon est le seul qui puisse prendre l'air sur notre territoire, il multiplie ses déplacements, de sorte que les personnes qui ne sont pas au courant des choses de l'armée peuvent s'imaginer que nous possédons une flotte aérienne « formidable, » et ce, grâce au zèle des pilotes du brave petit aéronat : M. le comte de la Vaulx et M. André Shelcher. C'est toujours une satisfaction morale qu'il ne faut pas

---

journal *Le Matin* pour assister aux premières manœuvres des ballons dirigeables militaires de l'Empire à Cologne, a su rapporter de sa mission d'intéressants enseignements qu'il a libéralement communiqués à tous les Français.

dédaigner et dont nous devons être reconnaissants à ceux qui s'efforcent de la créer.

A propos de l'influence morale, souvenons-nous des paroles de Coutelle, un aéronaute de la première heure, le commandant des aérostiers à l'armée de Sambre et Meuse, quand, après la bataille de Fleurus pendant laquelle il était resté dans son captif neuf heures en l'air, il lui fut possible de communiquer ses impressions : « Certainement, dit Coutelle, ce n'est pas l'aérostat qui nous a fait gagner la bataille; je dois dire, cependant, qu'il gênait beaucoup les Autrichiens, qui avaient la conviction de ne pouvoir faire un pas sans être aperçus, tandis que de notre côté l'armée voyait avec plaisir cette arme inconnue qui lui donnait confiance et gaieté. »

Voilà ce que disait un officier français de 1794.

Eh bien, si l'arme inconnue d'alors : un pauvre ballon rivé au sol par quelques cordages tenus à la main, un ballon incapable de s'élever à plus de quelques dizaines de mètres, un ballon sans cesse ballotté par le vent qui, parfois, menaçait de le jeter furieusement jusque sur la baïonnette des fantassins; si cette bulle de gaz, jouet du moindre souffle, donnait confiance et gaieté, que ne doit-on pas attendre de l'arme nouvelle du XXe siècle : le ballon essentiellement mobile, l'aéronat dégagé de toute entrave, l'aéronat libre comme l'air qui le soutient, le ballon dirigeable capable d'évoluer en haute altitude? Il donne, lui, l'amour du sol au-dessus duquel il plane, il insuffle la fierté dans les veines de l'homme qui le comtemple et reconnaît en lui son œuvre d'intelligence, il unit tous les cœurs à l'âme de la Patrie dans un indissoluble amour.

N'avons-nous pas un exemple de ce noble entraînement dans les exclamations frénétiques qui accueillent chacune des évolutions des dirigeables allemands à leur retour au port? Exclamations vibrantes poussées par tout un peuple prêt à se sacrifier pour son drapeau . . . .

... Mais, ces hourras, dont nous ne percevons que les échos atténués, nous rappellent, nous autres Français, à la réalité.

Et cette réalité, la voici, tapie dans les chiffres que nous découvrons au deuxième groupe de notre tableau : Allemagne 15+16 ; Autriche 3+2 ; Italie 4+7.

Ces chiffres sont formidables ! Dans l'hypothèse d'un conflit immédiat, l'Allemagne, seule, pourrait lancer au-dessus de nos lignes plus de *trente* ballons dirigeables ayant fait leurs preuves — ballons militaires et civils réunis. — L'Autriche et l'Italie, les alliées, pourraient ajouter sept unités à ce nombre déjà respectable.

Et pourquoi ces chiffres sont-ils aussi formidables? Voilà une question qui semble ne pas encore avoir eu le don de nous préoccuper beaucoup. Elle est cependant de la plus haute gravité.

Nous allons y répondre. Nous allons exposer, non seulement les motifs qui incitent l'Allemagne à s'assurer une flotte aérienne importante, mais, encore, les raisons qui l'obligent à la constituer de volumineuses unités. Nous verrons comment l'antagonisme des gros et des petits cubes — sujet de discussion chez nous à l'heure actuelle — a été résolu sur les bords de la Sprée[1].

Rien chez nos voisins n'est laissé au hasard. Tout s'y prévoit, et longtemps à l'avance. Le sentiment qui faisait

1. Nous n'aurons besoin de ne considérer que l'Allemagne dans nos remarques, attendu que celles-ci s'appliquent naturellement, dans une certaine mesure, aux deux autres contrées que la grande nation entraîne dans son orbite.

jadis hausser les épaules des officiers de l'Etat-Major prussien devant notre insouciance prévaut toujours. La fameuse expression : Ah bas! l'on se débrouillera! était devenue en 1871 un prétexte de risée à Berlin comme elle le sera encore demain si nous n'y prenons garde.

Aujourd'hui, le développement de l'aérostation dirigeable est, en Allemagne, intimement lié au développement militaire, comme l'a été et l'est toujours, le développement des chemins de fer.

Analyser, pour l'Allemagne, la répartition des troupes, la disposition du réseau ferré, la progression des effectifs militaires et des voies de communication, l'amplification des barrières défensives, et comparer les résultats obtenus à la position des centres d'essor de l'aérostation, indiquera, en même temps que les causes, le sens et le but de l'évolution à laquelle, impassibles, nous assistons.

Sur la carte — placée en tête de cette brochure — établie pour la région limitrophe de notre frontière, ont été résumées d'émouvantes indications.

Nous y trouvons des effectifs militaires considérables prêts à être dirigés rapidement, par des chemins de fer intelligemment tracés, vers des destinations que les dispositions mêmes du réseau nous laissent deviner.

Nous y rencontrons des forts, des batteries, des revêtements qui s'avancent jusqu'à l'extrême limite de l'Allemagne. Nombre de ces ouvrages commandent des lignes de chemin de fer et des routes militaires jusque sur le sol français. Ainsi, nous ne pouvons plus songer un seul instant à utiliser la voie ferrée de Nancy à Verdun par Pagny-sur-Moselle et Conflans, laquelle est sous le feu du fort Haeseler élevé sur la colline de Saint-Blaise près la démarcation des deux territoires[1].

---

1. Sud-ouest de Metz.

Enfin, si nous totalisons les longueurs des quais de débarquement disséminés, tant aux terminus qu'aux haltes stratégiques des voies ferrées allemandes desservant la frontière française, nous constatons le chiffre fantastique de plus de cent kilomètres.

A côté de ces indications matérielles, donnons-nous la peine de considérer que le haut commandement allemand, imbu des principes de de Moltke, élève et admirateur de notre grand stratégiste Napoléon Ier, est, par-dessus tout, partisan de l'offensive, de l'offensive « *fulgurante,* » comme étant le plus efficace moyen de vaincre.

Rappelons-nous que de Moltke a laissé un principe que l'Etat-Major allemand vénère comme une formule rigoureusement vérifiée à laquelle il ne faut plus rien changer : « La guerre doit se faire chez l'adversaire, et il faut l'y porter avec la rapidité de la foudre. »

Si, avec cela, nous voulons quelques citations émanées de maîtres faisant autorité dans l'art de la guerre comme le comprend l'Allemagne, en voici :

« L'offensive est préférable à la défensive. » (Général Von Schlithting.)

« La meilleure protection des voies ferrées est dans l'offensive. » (De Moltke.)

« L'Allemagne doit être en état de défendre ses frontières de la seule façon dont elles doivent être défendues, c'est-à-dire par l'offensive. » (Général de Caprivi)...
et nous ne taririons pas s'il nous fallait répéter toutes les modulations variées par lesquelles les grands instructeurs de l'Empire versent sans cesse la même conviction dans l'esprit de l'armée. La hantise a si bien envahi les intentions nationales qu'il n'est jusqu'aux plus purs socialistes qui ne laissent de renchérir sur les exhortations officielles. Le célèbre leader Max Shippel ne s'écriait-il pas : « En cas de conflit nous devons porter la guerre loin de nos frontières en prenant énergiquement l'offensive. »

Les Allemands ont envisagé avec soin chacun des rôles que l'aéronat est appelé à jouer dans les diverses phases d'une guerre, défensive aussi bien qu'offensive, depuis la période de mobilisation jusqu'à la fin de la crise, en passant par les opérations de siège et de campagne.

Ils ont établi les ports d'attache de leurs ballons, les emplacements de leurs réserves considérables d'hydrogène, en toute sécurité dans l'intérieur de camps retranchés, et leur capitale est dotée de l'un de ces abris invulnérables construit à Tegel. Tous ces hangars sont assez vastes pour contenir plusieurs, une demi douzaine au moins, de mastodontes aériens.

Le choix des cubes a été surtout déterminé par les services que l'on demandera à l'aéronat dès les premières heures des hostilités, services nécessitant un grand rayon d'action et une force ascensionnelle disponible assez considérable comme nous l'allons voir.

L'offensive étant le premier des objectifs de l'armée allemande, il est de toute nécessité pour elle de briser ou de tourner notre armée de première ligne appuyée sur de nombreux ouvrages permanents. La garde de cette ligne de défense : Verdun-Toul-Epinal-Belfort. nous oblige à l'échelonnement de nos forces. L'adversaire, s'il ne passe par la Belgique — rappelons à ce sujet que la Belgique a consenti la dépense de plusieurs millions pour fortifier la place d'Anvers, située loin des passages de la Meuse, plutôt que de les utiliser à s'assurer une armée de campagne susceptible de faire obstacle à la violation de son territoire[1] — l'adversaire, disons-nous, s'il ne passe par la Belgique, tentera de forcer notre barrière par la surprise d'un choc stupéfiant.

-----

1. *La Belgique et la Hollande devant le Pangermanisme*, par le général Langlois. 1906.

Il va sans dire que plus les différences d'effectifs seront considérables, plus il y aura de chance de réussite pour l'assaillant. Celui-ci attaquera, avec toutes ses forces réunies, un point déterminé de notre défense, en même temps qu'il s'efforcera d'empêcher, ou tout au moins de retarder, l'arrivée de troupes de renfort sur le point visé.

C'est cette dernière poursuite qui sera l'une des premières missions du ballon dirigeable. Le ballon sera, tout d'abord, chargé d'entraver notre mobilisation.

Dans ce but, les aéronats, munis de projectiles garnis de puissants explosifs dont nous connaissons les terrifiants effets, chercheront à détruire, bien en arrière de notre première ligne, par le jet de ces engins, les ouvrages d'art : ponts, viaducs, voies ferrées, soigneusement repérés au préalable, utilisables à la circulation des convois transportant nos troupes. Par ces destructions partielles de nos communications, les aéronats allemands espèrent semer le désarroi dans l'œuvre de concentration de nos effectifs.

Pour réaliser cette mission perturbatrice, il fallait des aéronats disposant d'une faculté ascensionnelle, d'une possibilité de séjour en l'air, d'un rayon d'évolution, que, seul, un cube important peut procurer. Et voilà pourquoi l'Allemagne possède aujourd'hui une flotte importante de ballons de gros cubes, de 5.000 à 12.000 mètres, ainsi que de vastes hangars pour l'abriter[1].

Il ne faudrait donc pas nous étonner si, pendant une

---

1. Principaux hangars à dirigeables militaires de l'Allemagne :

Tegel.	Metz.	Darmstadt.
Cologne.	Strasbourg	Manzell.
	Friedrichshafen.	

Chacun de ces hangars est un immense hall en fer, pourvu de portes géantes, pouvant contenir aisément six dirigeables.

période de « tension politique » précédant d'éventuelles complications, nous apercevions des ballons mystérieux planant au-dessus de nos plaines de Champagne et de Bourgogne dans la préparation d'itinéraires futurs. Il pourrait aussi s'en trouver dans le ciel nébuleux du Luxembourg belge.

Dans tous les cas, soyons biens certains, qu'à la faveur de la première nuit, succédant au jour qui aura éclairé la réception de la déclaration de guerre, les grands dirigeables allemands s'avanceront sur notre territoire — ce sera très probablement à l'époque d'une nouvelle lune, marquons d'une croix rouge ces nuits obscures sur nos almanachs — pour prendre leurs positions de bombardement. Et, dès les premières lueurs de l'aube suivante, le chant des coqs gaulois, alors, sera peut-être coupé, dans sa matinale explosion, par les sinistres grondements précurseurs du plus effroyable des cataclysmes.

N'oublions pas que depuis longtemps, les Allemands poursuivent des expériences tenues très secrètes, sur les conditions pratiques du tir spécial permis aux aéronats dans le sens vertical, et sur les meilleurs chargements et dispositifs de projectiles à adopter pour l'obtention d'un effet maximum[1].

---

1. Ce genre de tir, parfaitement exécutable par le ballon dirigeable de gros cube qui peut se tenir en arrêt au zénith du point à battre, comme un épervier gigantesque, en même temps que subir des délestages partiels, serait très problématique avec l'aéroplane. Celui-ci, en effet, pour demeurer en l'air, ne doit cesser un seul instant de se mouvoir avec rapidité. Ce qui est incompatible avec la précision de la visée. Il doit aussi, conserver rigoureusement sa stabilité déjà si précaire. D'autres raisons : *ankylose* de l'aviateur; respect de la position du centre de gravité du système, etc., interviennent également pour rendre inefficaces les projections de cette nature qui seraient tentées du bord des appareils plus lourds que l'air connus.

Nous ne pouvons nous dissimuler que toute perturbation survenant inopinément dans le mouvement initial des troupes, peut se répercuter désastreusement sur toutes les opérations ultérieures de la guerre, et, conséquemment, sur son issue. La sécurité absolue dans le groupement préparatoire est tellement nécessaire, qu'en 1870, de Moltke n'a pas hésité à réunir son armée très en arrière de la frontière afin de n'être pas troublé. Il savait que les premières fautes sont difficiles à réparer. Il savait aussi que la destruction d'un viaduc comme celui de Sarrebruck ou de Gœrlitz, ou des tunnels de la Nahe, interromprait une ligne pour toute la durée d'une campagne.

Après leur premier exploit, les dirigeables allemands, allégés de leurs munitions, regagneront par la voie la plus courte, en bonne altitude et toute sécurité, leur mère patrie pour s'y réapprovisionner ou se mettre à la disposition de leurs corps d'affectation. Chemin faisant, ils cueilleront toutes indications que le hasard leur voudra bien offrir.

Nous imaginons même que si, par aventure, un de ces excursionnistes matineux, se trouvant à une centaine de kilomètres de la frontière, venait à passer en pleine Champagne, par exemple, à portée d'un de nos canons, les artilleurs français hésiteraient certainement à faire feu. Ils croiraient avoir devant eux l'une de ces unités de la flotte aérienne républicaine dont on nous a récemment affirmé l'existence, sur le papier bien entendu, et l'on comprendra aisément que nos braves troupiers seraient beaucoup plus disposés à indiquer sa route au ballon errant, s'il la leur demandait, que de tenter de le mettre à mal.

Si quelque doute s'élevait sur nos affirmations, malheureusement fondées, que le sceptique scrute attentivement cette carte des chemins de fer d'Alsace-Lorraine que nous avons présentée. Quelle que soit la région où se portera le regard, il y rencontrera les preuves de la persistance inlassable d'un labeur immense, exclusivement dévolu au triomphe du grand principe de l'offensive[1].

Dès la première heure du conflit, notre adversaire éventuel forcera la guerre sur notre sol. Il s'enfoncera comme un coin d'airain dans la partie de notre barrière qu'il supposera la plus mal défendue. Il agira, à la manière d'un bélier gigantesque, de toute la masse dont il disposera à pied d'œuvre — plus de trois cent mille hommes[2] — et s'efforcera de culbuter successivement nos troupes éparses. Il tentera le même effet de choc qu'en 1870, où notre armée disséminée en un long cordon depuis Sierk jusqu'à Wissembourg et Belfort, vit battre ses corps les uns après les autres isolément :

Le 4 août, le général Douay était surpris à Wissembourg ;

Le 6, Mac-Mahon était défait par la 3ᵉ armée ;

Le 7, le général Frossard, déposté de Spickeren, se repliait.

Actuellement, l'effet de choc, cet effet d'un choc frappé par des masses pourvues de l'artillerie moderne, devant laquelle les fortifications permanentes, forts d'arrêt, bat-

---

1. Lire : *L'Armée allemande et l'Alsace-Lorraine en 1905 et 1906*, par le capitaine Victor Duruy

2. Effectifs de troupes de stationnement régional et d'afflux immédiat :

Metz............	30.000	Thionville. ...	{	50 000
Chateau-Salins.....	}	Sarrelouis	{	
Sarrebourg..	} 20.000	Sarguemines..		40 000
Saverne...........	)	Carlsrhue....		50 000
Strasbourg	25.000	Offenbourg		40.000
Colmar......... ..	{ 10 000	Fribourg		15.000
Schlestadt.........	{	Muelheim.		10.000
Mulhouse..........	10.000			
	95 000			205.000

300.000 hommes

teries cuirassées, ne sont que d'insuffisants obstacles, sera infiniment plus violent, infiniment plus décisif qu'il y a 40 ans.

L'objectif allemand, comme alors, ne sera pas de prendre telle ou telle place, mais, avant tout, de détruire l'armée ennemie sans retard, l'armée active, instruite, laquelle, si elle n'était que dispersée, serait encore capable de fournir, ultérieurement, des cadres sérieux aux réserves en voie de rassemblement. Quant aux villes, l'on sait qu'elles ne peuvent plus résister à l'artillerie lourde. L'armée d'élite anéantie, la France est conquise.

L'armée allemande active, l'armée de temps de paix, c'est-à-dire sans les réserves, est, pour 1910, de 510.000 soldats et 32.000 officiers, soit : 542.000 hommes. Plus de la moitié de cet effectif est constamment tenu à la frontière française ou à promixité. L'effectif de guerre de cette armée est de 1.200.000 hommes...... et ce n'est que l'avant-garde des forces de la Confédération germanique.

Maintenant que nous sommes édifiés sur les intentions amicales et les moyens de nos voisins. Maintenant que nous savons comment a été motivé leur prédilection — qui ne peut être mise en doute — pour les volumineuses unités aériennes, demandons-nous si la France doit adopter les mêmes idées sur la même question.

D'abord, la France, comme l'Allemagne, est-elle gagnée au principe de l'offensive ?

Nous pouvons répondre, sans crainte d'être démenti : non.

La France ne veut pas la guerre. La France est essentiellement pacifique. La France réprouve les épanchements de sang qu'un vain chauvinisme, dernier reste de temps barbares, inflige encore parfois à l'humanité. Cette huma-

nité, nous en sommes convaincu, ne se porterait pas plus
mal si la médication venait à lui être tout à fait supprimée.
Le peuple qui a toujours marché à la tête de la civilisation
dans la voie du Progrès ne veut plus entendre parler d'effu-
sion de sang.

Mais ce peuple n'est pas seul sur le globe terrestre. Il
peut être obligé de subir ce qu'il voudrait éviter. Dans
cette dernière alternative ce peuple se défendra. S'il lui
répugne de tirer l'épée, s'il persiste à ne point mettre
flamberge au vent le premier, il fera, néanmoins, tous ses
efforts, s'il est un jour contraint à brandir la lame homi
cide, pour ne la replacer au fourreau que le dernier.

Le principe de la « *défensive* » est donc le principe
français.

Eh bien ! pour la défensive faut-il, comme pour l'offensive, constituer la flotte aérienne exclusivement d'unités
de gros cubes ?

La réponse est indiscutablement : non. Et voici les
motifs :

Les unités de gros cubes coûtent très cher ; certaines
atteignent le million. Un ballon de petit cube coûte cent
mille francs. C'est donc dix ballons que l'on aura pour le
même prix. — Par petit cube nous entendons le volume
minimum de 2.500 mètres environ. Un ballon de cette ca-
pacité est susceptible de s'élever à 1.500 mètres, altitude
généralement reconnue nécessaire dans certaines circonstances, sans, cependant, être considérée comme la cote
permanente d'évolution du dirigeable.

L'obus qui éclatera dans l'abdomen d'un gros ballon,
l'anéantira tout aussi sûrement que si c'était un petit.
D'où, il faudra dix obus heureux pour réduire à néant un
million de francs converti en ballons du deuxième genre
contre un seul pour celui transformé en ballons du premier.

Les petits cubes sont, évidemment, les moins vulnérables. Ils offrent une cible restreinte et se dissimulent rapidement dans la brume à très faible distance, avantage sur les gros cubes qui, pour relever un terrain, sont obligés de s'en approcher aussi près qu'eux. Il surviendra des circonstances atmosphériques où le ballon verra les grandes masses sans être vu; ce cas se présentera moins fréquemment, pour les gros que pour les petits.

La facilité d'évolution des moindres volumes est incontestable ainsi que leur grande maniabilité.

Leur vitesse est, sinon supérieure, tout au moins égale à celle de leurs compétiteurs.

Leur exigence comme abri n'est pas très grande : un rideau d'arbres leur suffit pour passer une nuit tranquille.

Ils sont moins gros mangeurs que leurs confrères de grande envergure, leur appétit n'est capable de dévorer que quelques bouteilles d'hydrogène par chaque vingt-quatre heures.

L'estomac de leur moteur sait aussi se contenter relativement de peu.

Au point de vue de la valeur « détective, » ils égalent les gros cubes, étant donné que si leur rayon d'action est un peu moindre, la modicité relative de leur prix, permettant d'en répartir un bien plus grand nombre sur un théâtre d'opérations déterminé, fait mieux que de compenser leur infériorité purement superficielle.

Or, l'on sait que de nos jours l'efficacité de la cavalerie dans le service des reconnaissances est bien diminuée. La longue portée des nouveaux fusils, l'adoption de la poudre sans fumée, ont enlevé à cette arme beaucoup de sa valeur investigatrice. De petits groupes d'infanterie remplissent aujourd'hui mieux cette fonction. Ils se dissimulent infiniment plus aisément que les cavaliers. Cependant, le fantassin n'a pas un secteur d'opération aussi étendu, et, avec lui, la transmission des informations est moins rapide.

Ne semble-t-il pas, à présent, que le petit ballon dirigeable intervienne, précisément, juste pour combler une lacune créée par l'évolution naturelle de l'armement? Le ballon de petit cube ne s'impose-t-il pas pour couvrir une armée en campagne? Surtout une armée défensive qui, comme la nôtre, sachant que l'adversaire cherche à la surprendre, subit l'impérieux besoin d'être constamment entourée d'un grand nombre d'éclaireurs? Les comparaisons que nous avons établies, tout à l'avantage des moindres cubes, indiquent péremptoirement cette nécessité[1].

Nous n'ignorons pas que les troupes possèdent des ballons captifs. Mais ces ballons ne peuvent s'élever que lorsque l'atmosphère est relativement calme. Là, encore. nous avons été devancés par l'Allemagne laquelle, depuis longtemps, possède.outre ses captifs ordinaires analogues aux nôtres, les drachen-balloons ou ballons cerfs-volants, matériel plus encombrant il est vrai que les premiers, mais susceptibles de prendre l'air par grand vent. De sorte que les armées allemandes ont toujours à leur disposition, quel que soit l'état de l'atmosphère. un matériel aérostatique utilisable indépendemment de leurs nombreux ballons dirigeables.

Est-ce à dire que notre flotte doive exclusivement ne compter que de petits ballons? Non. Une armée défensive peut, à son tour, devenir offensive. C'est même son devoir quand l'occasion lui est offerte. Elle peut, aussi, tout en restant défensive, avoir besoin de créer des diversions, des « tracas, » sur les derrières de l'ennemi. Elle a besoin, aussi, de chercher à connaître les effectifs qui arrivent à celui-ci de loin, en même temps que de tenter la destruction de ses gros ballons. Il faudra donc à notre armée de

---

1. En outre, le ballon de petit cube peut servir de ballon-école pour former les pilotes.

grosses unités aériennes tout comme des petites, et des petites tout comme des grosses. Nous ne devons pas nous tenir dans l'exclusivité absolue pas plus pour l'un que pour l'autre des deux concurrents.

Mais, surtout, ce dont il faut nous garder autant que de la peste, c'est de la *création du « type officiel.* » Cette création ne tend rien moins qu'à étouffer à tout jamais l'essor de l'Aérostation dirigeable française. Avons-nous, déjà, oublié l'influence néfaste de Meudon[1]?

Si, à peine à l'œuvre, nous imposons à nos constructeurs — lesquels, dans ce cas, deviendront *un* — des règles, aujourd'hui passables pour quelques-uns, absurdes pour beaucoup d'autres, mais qui seront assurément mauvaises demain, c'en est fait de tout progrès..., et la France a une énorme distance à regagner.

Est-ce que l'Allemagne a monopolisé l'industrie de ses dirigeables? Elle s'en est bien défendue, et c'est l'émulation qui l'a menée au succès. Elle sait qu'un type, bon dans certaines circonstances. peut ne pas l'être dans d'autres, et que ce n'est pas au début d'une industrie, de laquelle peut-être dépend l'avenir de la nation, qu'il faut avoir l'inconséquence de prétendre élever des obstacles à tout perfectionnement et développement ultérieurs.

Une flotte aérienne, pas plus qu'une flotte marine, pas plus qu'une armée, ne s'improvise. Pour atteindre en toute certitude, le but qui motive pour une contrée la création de l'un de ces organes vitaux, celui-ci doit se voir préparé de longue main avec l'appui de bien des intelligences. Sa mise en œuvre ultime. après une préparation restreinte et occulte, expose aux pires catastrophes.

L'outil, lui-même, même parfait, ne suffit pas non plus. Il faut aussi des ouvriers sachant s'en servir.

---

1. Voir page 27 : *Hélicoptères et Centres d'études officiels.*

En terminant, qu'il nous soit permis de rendre hommage :

Aux généraux, aux officiers, qui, depuis bien des années, n'ont cessé d'avertir leurs concitoyens des efforts constants de l'Allemagne, de l'accroissement de ses chemins de fer, de la multiplication de ses quais de débarquement, du développement de ses fortifications, de l'augmentation ininterrompue de ses effectifs, de la composition renforcée de certains corps d'armée, du groupement spécial dans certaines régions de leurs forces, des progrès rapides de la puissance de son armement, à ces généraux nombreux dont quelques noms rayonnent sur la liste de notre Conseil supérieur de la Guerre;

Aux auteurs et promoteurs du mouvement d'où va jaillir une flotte aérienne française ; à Louis Capazza, au journal *Le Matin;*

A la Presse entière qui, en la circonstance, a montré, par une belle solidarité, qu'en France toutes les passions, si vives soient-elles, s'effacent quand il s'agit de la défense de la Patrie;

Aux hommes éminents de la Chambre et du Sénat qui ont entrepris de soutenir le budget de l'aérostation future auprès de leurs collègues;

A l'Académie des sciences, aux Clubs, Ligues, Sociétés, etc., dont les membres ont dépensé le plus noble zèle en une saine propagande.

Que toutes ces bonnes volontés soient entendues des contribuables et que les millions qu'elles obtiendront de lui fassent tous honneur au but poursuivi : *La Renaissance de l'Aérostation dirigeable française.*

Observation
sur l'invisibilité des dirigeables

Au cours de l'exposé qui précède, nous avons fait allusion à la méprise possible d'artilleurs imaginaires placés subitement en présence d'un dirigeable étranger évoluant en plein territoire français.

Prendre pour français un aéronat ennemi n'a rien d'extraordinaire. Le contraire pourrait aussi bien arriver avec des conséquences plus fâcheuses même.

Il serait donc intéressant que des mesures fussent prises dès maintenant pour éviter toute confusion.

Tous nos troupiers ne peuvent se mettre dans la mémoire les formes plus ou moins bizarres, quelquefois extraordinaires, de chacun des oiseaux à grosse panse échappés des nouveaux colombiers nationaux, et dont la destination la plus bénigne sera de leur causer de douloureux torticolis.

L'on pourrait, pour ce faire, adopter une teinte autre que le jaune qui est la couleur propre du tissu fourni par l'Allemagne à nos constructeurs d'aéronats, car nous sommes, sous ce rapport, comme pour beaucoup d'autres, tributaires de nos voisins. Ceci nous permettrait, en même temps, de faire d'utiles expériences sur l' « invisibilité » de nos dirigeables.

L'on a déjà proposé dans ce but le gris bleuté. L'on a pensé que sous ce revêtement l'aéronat se détacherait moins nettement du fond de ciel sous lequel nous le voyons, et que la fumée bleuâtre des projectiles n'apparaîtrait pas aussi distinctement sur sa silhouette. Le tir des canonniers se réglerait plus difficilement.

La difficulté serait encore plus grande si l'on peignait la moitié supérieure du ballon d'un ton plus foncé que la partie inférieure. En effet, la première recevant plus de lumière est rendue plus claire, tandis que la seconde, étant dans l'ombre, devient plus foncée. Il y aurait certainement intérêt à aider au nivellement des écarts chromatiques dont l'enveloppe est le siège, nivellement déjà amorcé dans l'éloignement par l'atmosphère. Le bariolage obtenu par la juxtaposition, ou plutôt le brossage incohérent de couleurs complémentaires, comme il est employé par les Anglais pour dissimuler les batteries défendant l'accès des ports, pourrait également être essayé.

J. L.

Hélicoptères
et Centres d'études officiels [1]

La foi de M. le ministre de la Guerre dans les services que les hélicoptères sont susceptibles de prêter à l'armée n'est-elle pas un peu prématurée? Ne semble-t-il pas qu'il se soit forgé une religion ,sans avoir eu cependant l'occasion d'étayer sa conviction sur des résultats vraiment tangibles?? Les projets d'appareils qui lui ont été soumis sont probablement très suggestifs pour lui avoir créé un tel état d'âme, mais il ne faut jamais se dissimuler qu'entre le projet le mieux conçu, le mieux étudié, et la réalisation de l'objet qu'il évoque, il y a un abîme. Et nous ajouterons, que l'enjeu posé sur le tapis à l'heure présente — la vie ou la mort de la nation — est trop gros

---

1. Devant les révélations de M. Capazza sur la puissance de l'aérostation militaire de l'Allemagne, notre ministre de la Guerre étonné ne se déconcerta pas. Il demeura merveilleux de présence d'esprit et de dignité! Il déclara, avec un sérieux imperturbable, mais pas rassurant du tout, que la France n avait rien à craindre des léviathans allemands. Qu'une flotte d'hélicoptères, « *à l'étude!* » se chargerait, le cas échéant, de les éventrer.

Le doute sur l'efficacité des engins apaches — *les fameux héli coptères à venir du général Brun* — derrière lesquels se dissimulait un manque flagrant de vigilance. suscita l article ci-dessus qui fut publié dans *Le Journal du Soir* du 13 décembre 1909

pour qu'il soit permis de l'engager sur de simples espérances.

Si le ministre possède une immense confiance dans les hélicoptères, qu'il les fasse étudier ; soit, — et encore, dans certaines conditions que nous définirons tout à l'heure, — mais il n'a pas le droit, en attendant le dernier mot de ses investigations, de laisser la France dans le sillage de peuples rivaux sur lesquels, autrefois, elle avait pris une large avance. Ce droit, il ne l'a pas plus sous le rapport de l'aérostation dirigeable que sur tout autre moyen d'attaque ou de défense intéressant la vitalité du pays. Que le ministre cherche à doter notre puissance d'une arme nouvelle ceci est très louable, mais à la condition, toutefois, que ce ne soit pas au détriment de celles qu'elle possède déjà [1].

Il ne faut pas oublier non plus, qu'à côté d'un engin de guerre gravitent certains facteurs s'y rattachant directement ou indirectement sans l'appui desquels le rôle de cet engin est souvent considérablement diminué. L'existence de dispositions propres à tirer de l'instrument le maximum d'effet utile ; la certitude de posséder le nombre d'hommes, entraînés à son emploi, constamment suffisant en dépit de toutes les éventualités défavorables possibles ; la confiance que non seulement les troupes mais encore la nation entière doivent posséder dès le temps de paix dans son efficacité, sont là des considérations primordiales devant retenir l'attention avant de permettre le moindre écart vers d'autres procédés d'action.

Les événements malheureux qui ont frappé depuis son

---

1. Le moment serait mal choisi. Outre sa force aérienne qu'elle accroît sans cesse, l'Allemagne vient d'inaugurer la ligne stratégique de chemin de fer de Dannemarie à Bonfol, parallélant notre frontière.

réveil l'aérostation dirigeable française ont retenti douloureusement dans le cœur du général Brun comme, du reste, dans celui de tous les patriotes. Ce sont certainement ces événements qui ont contribué à insinuer dans l'esprit de M. le ministre les tendances qui l'obsèdent aujourd'hui. Mais, je demande instamment au chef de l'armée de faire retour en arrière, de regarder, sans émotion. si les diverses catastrophes que nous rappelons n'auraient pas été évitées si les questions accessoires auxquelles nous faisions allusion il y a un instant avaient été complètement assurées.

Les ministres — car d'autres chefs de l'armée ont également omis l'importance de ces détails, manquement dont il serait injuste d'attribuer la paternité au ministre actuel — ont-ils jamais insisté auprès des Chambres pour obtenir les crédits spéciaux nécessaires à l'adjonction de ces garanties de fonctionnement, en sécurité, de véhicules aériens ne demandant pour rendre les services que l'on exigeait d'eux qu'à être défendus contre les intempéries de l'atmosphère et la maladresse d'équipes de fortune?... Les abris étaient rares, les hommes familiarisés au maniement des dirigeables trop peu nombreux. Des aides non instruits envoient souvent le pavé de l'ours!

L'aéronat, le premier des engins de reconnaissance militaire actuellement connus, ne donnera son plein effet, sans mécomptes, que lorsque dans toutes les villes de garnison se trouveront quelques escouades de militaires entraînés à sa manœuvre, prêts à lui venir en aide en cas d'atterrissage dans leur secteur. Si la France ne peut d'un seul coup être garnie de hangars, d'ateliers de réparation ainsi que d'aérostiers instruits, que ceux-ci soient d'abord cantonnés dans des régions dont les dirigeables ne devront sortir lors de leurs premiers mois d'évolutions.

Une grande circonspection doit aussi être apportée à la création des centres d'études et de constructions militaires

que pense établir le général Brun. Le premier inconvé-
nient de cette pratique est de générer une concurrence à
l'industrie privée, et il serait étrange, d'assister à la destruction économique d'une contrée par les voies et moyens
ayant précisément pour but la défense de ses intérêts généraux. Ensuite, se présente le danger de *l'exclusivisme*!
Le progrès naît de l'émulation rationnelle, libre, qui
amène les concurrents à se surpasser par des moyens
même similaires où les intelligences s'aiguisent, s'affinent
dans les voies les plus pratiques à l'obtention d'une réalisation immédiate et sûre.

La réclusion, au contraire, et surtout la réclusion offi-
cielle, pousse les chercheurs vers des expédients inédits
différant complètement de ceux mis en œuvre par l'industrie évoluant au grand jour.

Avec les centres d'études ne peut-on pas se demander
si les inventeurs « sélectionnés, » n'ayant pas à envisager
le succès financier de leurs conceptions ne tendront pas,
dans une certaine mesure, à imprimer à celles-ci un cachet
personnel? Accepteront-ils d'utiliser, autrement que pour
leur instruction propre, ce qui aura pu surgir de bon à
côté d'eux? Ne chercheront-ils pas plutôt à voir ce qu'ils
produiront rester absolument de leur crû? Et, lors de propositions à l'Etat de dispositifs émanant de l'industrie civile, comme ces propositions seront toujours renvoyées
pour examen à ces centres d'études dits compétents, n'y
aura-t-il pas à craindre des avis peu favorables pas toujours mérités puisque les projets soumis auront nombre
de chances de ne pas être de la nature des recherches en-
tourant les aspirations des chercheurs officiels ? Ne règne-
ra-t-il pas dans ces centres une sorte d'esprit de corps,
une sorte d'amour-propre, peut-être explicables mais, dans
tous les cas, préjudiciables au but visé ?

Ne voyons-nous pas déjà un exemple de ce dualisme
dans la préconisation, par l'Etat-Major, de l'aviation

contre l'aérostation dirigeable d'abord. puis, dans le domaine de l'aviation même, de l'hélicoptère mal connu, contre l'aéroplane mieux en point? Nous souhaitons qu'il n'en soit rien, mais comme il est indiscutable que toute recherche poursuivie dans de telles conditions d'isolement — des précédents l'ont démontré dans maintes branches industrielles utilisées par l'Etat — se traduisent toujours par des dépenses hors de proportion des résultats obtenus, il serait désirable qu'une autre voie soit utilisée.

Prenons un exemple : Chalais-Meudon, berceau de l'aérostation dirigeable mondiale. Voici un établissement dans lequel l'Etat a versé, pendant une longue période, chaque année, plus d'un million. Qu'en est-il sorti de profitable à la France en dépit de l'inébranlable bonne volonté, de la science indiscutable d'officiers intrépides et infatigables chercheurs. dotés de grandes vertus méthodiques et coordinatrices?   .

Un ballon, merveille de construction, — j'ai nommé « La France, » — un ballon qui étonna le monde par ses randonnées sortit de ce sanctuaire de l'intelligence du génie créatif, et, avec lui, quantités d'enseignements, qui coururent le monde civilisé, jetant surtout sur l'Europe, un souffle suscitateur d'un frémissement admiratif.

Ce fut tout. Le ballon, un ballon d'études, n'eut pas de second.

Mais, si ce fut tout pour la contrée qui avait vu naître l'aéronat modèle, il en fut autrement pour les autres nations européennes. Les enseignements lancés de Meudon portèrent fruit dans les capitales voisines de France où la vertu pratique sut immédiatement utiliser les théoriques ressources tirées des expériences françaises.

Si je disais que Chalais, en ce qui concerne l'aérostation dirigeable militaire de notre pays, n'a rien produit pour la défense du territoire, je serais au-dessous de la vérité. Chalais, par ses enseignements théoriques, enseignements qui ont été diffusés de par le monde, a fait plus : Chalais a fait du mal ! Chalais a créé l'aérostation dirigeable européenne qui, aujourd'hui, se dresse devant la France, totalement dépourvue de flotte aérienne !

Ce résultat imprévu a été suscité par le manque d'encouragement officiel à l'industrie civile française. L'ostracisme gouvernemental resta intransigeant, les projets civils présentés étaient systématiquement évincés, tandis que de l'autre côté du Rhin l'on travaillait un peu partout sous le patronage de l'empereur.

Dès 1890, le comte Zeppelin expérimentait son aérostat rigide. Chez nous, nous devons arriver à la fin de 1898 pour voir un Brésilien, M. Santos-Dumont, s'élancer dans les airs sur son premier aéronat; puis, en 1902, pour assister aux premières envolées du « Lebaudy, » ce même « Jaune » que l'année suivante en novembre, les Parisiens purent approcher dans la Galerie des Machines qu'un aéronaute de la vieille école, M. Juchmès, indiquait par un beau geste comme le hangar à dirigeables de l'avenir !

De Meudon l'on n'entendait plus parler, cependant que ses officiers, toujours pleins de zèle, prodiguaient à tous, indistinctement, leur savoir, *acquis au service et aux frais de la France,* dans des brochures, des journaux techniques, des conférences, des congrès internationaux, au grand profit de l'étranger[1]. C'est alors, qu'un jour, la

---

1. Liste des brevets Charles Renard, directeur de l'établissement d'aérostation militaire de Chalais-Meudon :

3 mars 1877. — 117.339. — Renard et de la Haye. — Transporteur pneumatique dit : *Élévateur Renhaye.*

27 février 1878. — 122.880 — Renard et de la Haye. — Garniture sans frottement dit : *Joint annulaire* applicable aux pistons à gaz, à vapeur et à eau.

générosité de MM. Lebaudy, offrit gratuitement à l'Etat, comme pour lui rappeler qu'il existait des ballons dirigeables. le fruit de leur patriotisme, de la science de l'ingénieur Julliot, de la vaillance du praticien, de l'aéronaute Juchmès : l'aéronat le « Lebaudy » qui, dans leurs mains, de 1902 à 1905, a exécuté soixante-dix neuf ascensions sans un seul accident de personne.

En définitive, Chalais qui n'a pas construit de flotte pour l'armée, a plutôt entravé l'essor de l'aérostation dirigeable française civile, laquelle, n'étant pas soutenue par des commandes de l'Etat, est demeurée dans le marasme jusqu'à ce que des millionnaires aient eu pitié de la pauvre délaissée.

Nous ne pouvons donc nier que nous avons souffert de la présence d'un centre d'études officiel et que l'état de choses actuel est la conséquence immédiate de son existence même. Dans ces conditions, ne pouvons-nous. pas nous demander ce qu'il adviendrait avec les trois centres similaires nouveaux que M. le ministre se propose de créer à Vincennes, à Bordeaux et au Loup ? Ces appréhensions, certes, ne sauraient viser les officiers appelés à

---

2 mars 1878. — 122.948 — Renard et de la Haye — Perfectionnements apportés aux *Elévateurs Renhaye*

25 avril 1878. — 124 078 — De la Haye, Renard et Krebs   Générateur a vapeur à circulation directe dit · *Générateur Renhaye*

9 mai 1878 — 117 339 — Renard et de la Haye. — Addition au brevet du 3 mars 1877.

18 mai 1888 — 190.600. — Renard. — Piles tubulaires chlorochromiques.

16 mai 1889. — 190.600. — Renard — Addition au brevet ci dessus

18 octobre 1890. — 208 868. — Renard. — Production électrolytique de l'hydrogène et de l'oxygène.

15 novembre 1890. — 208.868. — Renard — Addition au brevet ci-dessus.

25 août 1903. — 334 840. — Renard. — Train à propulsion continue.

travailler dans ces laboratoires pas plus que nos constatations ne visent, personnellement les officiers qui ont élaboré et exécuté les travaux de Chalais. Nous ne nous attaquons qu'au principe même de la création de ces sortes de ruches susceptibles de faire, théoriquement bien, c'est vrai, mais à quel prix d'argent! et pour la gloire desquelles l'effort que l'on peut attendre d'une nation de 40.000.000 d'individus risque d'être paralysé.

En signalant le danger nous tenons aussi à signaler le remède. Le voici. A moins que l'on ne veuille en toutes choses faire l'Etat patron, ravaler l'entière nation à l'asservissement, tuer l'esprit d'initiative, la première des richesses du Français, l'Etat, s'il veut à bref délai, être à la hauteur de l'actualité, doit renoncer à tout jamais à des tentatives condamnables à plus d'un titre. Il doit, dès aujourd'hui, prendre formellement l'engagement, pour une période ou jusqu'à concurrence d'un nombre d'unités déterminées, d'acquérir tout ballon dirigeable ainsi que tout appareil d'aviation de construction française remplissant les conditions, à vérifier, dans des épreuves publiques qu'il jugera pratiquement devoir leur imposer pour les besoins de la guerre. Mais qu'il se garde bien de construire lui-même ou de donner des commandes sur plans ou sur modèles réduits. Qu'il n'achète que des pièces existant réellement et ayant fait leurs preuves, en même temps qu'il se fera un scrupule de ne rien refuser, d'où il lui vienne, de ce qui remplira les conditions requises.

Et, alors, ce ne sera plus dans un nombre limité de foyers fonctionnant sous l'égide gouvernementale — trois ou quatre peut-être — que s'élaboreront les esquifs aériens militaires de l'avenir. Les aéroplanes, voire même les hélicoptères, car beaucoup d'inventeurs voudront être agréables à M. le Ministre, naîtront et se construiront, sans risques pour l'Etat, dans des ateliers civils infini-

ment plus nombreux que les centres officiels, parallèle-
ment aux ballons dirigeables qu'ils compléteront, car
soyons certains que ces deux engins seront appelés, par
la suite, à marcher de compagnie : le ballon offrant par sa
nacelle et sa stabilité un observatoire de valeur incompa-
rable portera les observateurs, tandis que son satellite,
l'aéroplane, le défendra des attaques de l'aviation adverse.

En opérant de la sorte, l'État sera toujours certain
d'acheter, dans les meilleures conditions économiques
possibles, les armes redoutables. exemptes de toute tare
ou défaut, qu'il ne pourrait longtemps soustraire à la
curiosité étrangère.

En terminant. qu'il me soit permis de rappeler qu'aucune règle ne vaut le libre essor de la pensée; n'enfer-
mons jamais l'idée !

Jules LELOUP.

Restes de la Galerie des Machines, au 23 novembre 1909. (Cliché Ch. Henrich).

Fin de la Galerie des Machines[1]

**Destruction complète du premier hangar à dirigeables
de l'Armée française**

Ce n'est pas l'ouragan, ce n'est pas la foudre, c'est la main des hommes, des patriotes! qui a consommé la catastrophe.

---

1. Article paru dans *Le Journal du Soir* du 17 décembre 1909.

Sous les coups répétés de la masse de fer du démolisseur, le Palais grandiose, qui fut la Galerie des Machines, agonise, et le passant hâtif, mordu par la bise du Nord, interrompt malgré lui, sous le ciel gris, sa course précipitée, pour jeter, par les fissures de l'interminable palissade de l'avenue de Suffren, un regard mélancolique sur les membres déchiquetés du colosse râlant.

Ah! c'est que ces ruines, pleines aujourd'hui de tristesse, évoquent un passé glorieux dont l'industrie métallurgique française longtemps encore restera fière.

La construction de la Galerie des Machines faisait partie du projet présenté pour l'Exposition de 1889 par M. Dutert. Son exécution valut à son auteur le prix de cent mille francs offert pour l'œuvre capitale de cette exposition par M. Osiris.

Ce fut le 5 juillet 1887 que commencèrent les fouilles d'établissement de ses fondations, lesquelles furent achevées le 21 décembre.

Le montage de l'ossature, commencé dans les premiers jours d'avril 1888, fut terminé à la fin de septembre. Le travail fut effectué, concurremment par la Compagnie de Fives-Lille et par la Société des Anciens Etablissements Cail. Chaque société procédait différemment. Fives-Lille levait la ferme par grandes masses pesant jusqu'à 48 tonnes, au moyen de trois échafaudages indépendants, tandis que Cail la construisait par fragments, pesant 3 tonnes au plus, à l'aide d'un seul échafaudage.

Voici les dimensions de l'immense vaisseau : Longueur (intérieure), 420 mètres; largeur (intérieure) 115 mètres; hauteur (du faîte) 51 m. 475; surface couverte 62.013 mètres carrés.

En ajoutant les deux galeries latérales de 15 mètres, la largeur extérieure totale atteignait 145 mètres.

Intérieurement, tout autour de l'édifice, un plancher-galerie courait soutenu à huit mètres de hauteur.

La couverture de ce hall gigantesque était portée par vingt fermes de tôle de fer. Chacune d'elles, de la forme d'une ogive surbaissée. se composait de deux grands arcs appuyés librement à leur base sur des tourillons supportés par les plaques de fondation. Ces arcs venaient buter l'un contre l'autre à leur sommet, par l'intermédiaire d'un troisième tourillon, élevant la hauteur sous clef de l'ogive à 43 m. 50.

La superficie de la nef centrale était de 48.120 mètres, celle du comble vitré de 34.500. L'on avait employé pour la couverture de ce comble, du verre strié de 5 millimètres d'épaisseur résistant au choc de balles de plomb du poids de 5 grammes, tombant d'une hauteur de 7 mètres. Ces verres avaient été fournis par la manufacture de Saint-Gobain qui n'en livra pas moins de 35.395 mètres carrés.

Le prix de revient du Palais des Machines fut de 7.600.000 francs.

En 1894, lors du concours ouvert pour l'Exposition, de 1900, la Galerie, si justement admirée en 1889, figurait à nouveau dans le projet de M. Hénard, le futur architecte du Palais de l'Electricité.

M. Hénard avait été en 1887 et 1888 chargé par M. Alphand, directeur des travaux de l'Exposition de 1889, et par M. Dutert, architecte en chef du Palais des Machines, de la surveillance générale du chantier où s'édifiait la Galerie. Il avait donc pris une grande part à sa construction et ne pouvait se résoudre à voir disparaître ce qu'il considérait avec justesse comme une merveille de l'architecture sidérurgique. Aussi, tout en ne l'utilisant plus cette fois dans le décor général, tenait-il à conserver le chef-d'œuvre à la postérité.

Le projet Hénard remporta l'une des trois premières primes attribuées au concours. Les deux autres eurent pour titulaires, MM. Paulin et Girault. M. Paulin fut l'ar-

chitecte du Château d'Eau accolé au Palais de l'Électrici-
té ; M. Girault, l'architecte du Palais des Champs-Elysées.

La Galerie, définitivement respectée, fut alors divisée
en trois parties. Les portions latérales furent affectées à
l'Agriculture et à l'Alimentation, tandis que le centre
devenait l'inoubliable Salle des Fêtes. Cette salle pouvait
contenir plus de 15.000 personnes. Elle servit aux céré-
monies d'inauguration de l'Exposition et de la distribu-
tion des récompenses.

Malgré le rôle effacé qu'elle joua au point de vue déco-
ratif en 1900, la Galerie des Machines n'en demeura pas
moins, avec sa sœur jumelle la tour Eiffel, l'expression de
la Beauté sérieuse à la grande attraction inaugurant le
siècle nouveau. Le dôme du Grand Palais des Champs-
Elysées, avec ses fermes diagonales de 67 mètres d'ouver
ture, son relief de 64 mètres sur l'avenue Alexandre-III.
ne pouvait rivaliser avec la grande nef dont nous venons
en quelques lignes d'ébaucher la brève histoire.

Et maintenant, qu'en dépit de nombreux efforts tentés
pour conserver un édifice qui coûta bien cher, qui rendit
nombre de services en dehors de la durée de nos exposi-
tions, qui ne souffrait d'aucune tare, maintenant que
forcément nous ne sommes plus en présence que d'un
cadavre. demandons-nous si les décréteurs de sa mort ont
bien pesé toutes les conséquences de leur décision.

En France, la défense du territoire est organisée par
régions fortifiées. La liaison des places fortes avec les
armées d'opération est constituée par des barrières défensives. Ces barrières sont formées de grands camps retranchés reliés entre eux par des points d'appui disposés en
fortifications permanentes.

Quelques-unes de ces barrières doivent protéger la
mobilisation et la concentration des forces nationales.
Pour procéder à l'invasion, l'ennemi doit ou les tourner
ou les forcer.

La défense de Paris est basée sur le même principe. Une ceinture de forts d'un grand rayon protège la capitale. Le développement de la ligne de défense est tel que l'on estime comme impossible un investissement de la place[1].

Or, un investissement est toujours possible. Le blocus est plus ou moins parfait, voilà tout. Mais le rideau de troupes, plus ou moins dense, déployé par l'assiégeant, masque toujours suffisamment les mouvements de ses forces principales, ce qui est le point important. Comme conséquence de cette aisance d'évolution impartie à l'agresseur, il résulte — et ce n'est un secret pour personne — que le mode de couverture par régions fortifiées exige, à proximité de la ligne des forts, un rassemblement d'effectifs considérables prêts à être portés rapidement vers le point — inconnu — où se prononcera l'attaque de l'ennemi.

D'autre part, les projectiles actuels ne permettant pas à un ouvrage de tenir plus de quelques heures, il va sans dire que l'appui donné aux troupes par la ligne défensive cessera dès que celle-ci sera forcée.

Dans ces conditions, étant donnée l'hésitation qui accompagne inévitablement les premiers mouvements du défenseur au début d'une attaque, qu'il ne sait être simulée ou réelle, poussée par l'ennemi sur un point, l'assaillant a de grandes chances de réussir à percer la ligne de défense avec un effectif inférieur en nombre à la garnison totale de la barrière fortifiée. L'assaillant a l'avantage de pouvoir procéder à l'attaque par surprise, avec tous ses moyens réunis contre une partie seulement des

---

1. En 1870 le périmètre de la ligne des forts était de 53 kilomètres; actuellement il est de 130 Il nécessiterait pour un blocus absolu une armée de 500 000 hommes.

forces dispersées du défenseur, avant qu'une résistance sérieuse ait pu lui être opposé,... *et les armes actuelles confèrent à cet avantage un caractère décisif jusqu'ici inconnu.*

Dorénavant, les belligérants opéreront dans les rencontres avec une rapidité déconcertante, et la prévision des mouvements de l'adversaire atteint aujourd'hui une importance de la plus haute gravité.

Parmi les moyens utilisés pour avertir un général commandant d'armée des intentions de l'ennemi, le ballon dirigeable figure au premier rang. Le rôle de l'aéronat n'est plus à démontrer. De sa nacelle, des observations précises peuvent être faites, des instructions transmises, des photographies saisies à bon escient et envoyées aussitôt à terre. C'est un observatoire de premier ordre, muni d'instruments de vision, de mesure, de télégraphie et téléphonie, dont ne saurait approcher l'aéroplane actuel encore évoluant dans le domaine de l'acrobatie.

Le ballon a, aussi, au point de vue moral, une valeur incontestable. A sa vue l'ennemi est déconcerté : il se sait découvert, surveillé. Nombre de nos officiers ont eu maintes fois l'occasion de vérifier cet effet produit par de simples ballons captifs au cours d'opérations militaires coloniales. Les troupes amies, au contraire, en apercevant sa silhouette se profiler dans le ciel, se sentent plus en sûreté. Le ballon est l'œil de l'armée, et les unités terrestres qui le voient aux aguets pour leur sécurité, deviennent capables de tous les prodiges. Il éveille le même sentiment de confiance que provoquaient les vieux canons d'antan, lesquels, cependant, faisaient souvent plus de bruit que de besogne, mais dont la voix sonore exaltait le courage des recrues, au point de leur faire accomplir des prouesses de bravoure qui stupéfiaient les grognards.

L'aéronat, sans discussion possible, est donc devenu un

collaborateur qu'il serait imprudent de dédaigner, et toutes nos régions fortifiées, sans exception, exigent la dotation de *plusieurs* unités de ces éclaireurs précieux *petits et grands*. Nous devons enfin nous convaincre qu'à l'époque où nous sommes, il serait puéril d'espérer susciter l'influence morale heureuse à l'aide d'une ombre de flotte aérienne. Il faut que la nation sache bien, en les voyant en l'air dès le temps de paix, que les matériels aérostatiques devant accompagner ses enfants sur les champs de bataille de l'avenir existent effectivement, et en nombre suffisant; qu'ils sont en mesure de remplir fidèlement leur mission de sauvegarde; et que les dispositions les plus intelligentes sont assurées pour la parfaite utilisation de leurs services et leur longue conservation.

Eh bien, en est-il ainsi?

Sans nous occuper pour l'instant de nos barrières Toul-Verdun, Epinal-Belfort, par exemple, notre camp retranché de Paris, que nous avons sous les yeux, et auquel nous avons l'habitude d'attribuer quelque importance, est-il muni d'une flotte de dirigeables susceptible de concourir utilement à sa défense? Y a-t-il au centre de la région fortifiée, c'est-à-dire hors de la portée des obus d'une armée d'investissement, un port pour abriter cette flotte, préparer ses excursions aériennes, et, aussi, la réparer.

Non. — Les hangars à dirigeables militaires existants, ceux répondant — imparfaitement même — aux exigences de l'actualité, sont en dehors de la ligne des forts, et se trouveraient, conséquemment, au pouvoir de l'ennemi avant la mise en état de siège de la place.

Aujourd'hui, aucun bâtiment n'est susceptible, à l'intérieur de la zone fortifiée, d'assurer le logement de la flottille d'aéronats que les éventualités d'une guerre au XXe siècle imposent impérieusement pour la défense de Paris.... Et ce bâtiment, ce refuge invulnérable, qui nous fera défaut demain, existait hier, idéal, avec toutes ses dépendances !

La Galerie des Machines, avec ses 420 mètres de longueur, ses 115 mètres de largeur, ses 43 m. 50 de hauteur, ses 16 ouvertures permettant l'entrée ou la sortie simultanée d'autant de navires aériens, ses arcs immenses aux muscles de fer enveloppant sans un seul pilier central de soutien, l'énorme cube d'air de 2.019.486 mètres, était debout au milieu de son Paris, comme une Minerve protectrice.

En moins de trente minutes, les dirigeables, de son seuil, auraient pu atteindre leurs lignes d'évolutions autour des forts du Camp retranché les plus éloignés.

Et, pendant que ses fermes gémissent les derniers grincements du métal tordu dans les convulsions ultimes, nous voyons M. Ruau, Ministre de l'Agriculture, saisir le Conseil d'un projet de construction, sur l'emplacement même de la Galerie disparue, de deux palais pour loger les concours agricole et hippique qu'elle abritait autrefois, tandis que l'Ecole des Beaux-Arts, comme si déjà le spectre du remords errait sous ses voûtes, met au concours un prix attribué à l'établissement de projets pour : « un port d'attache à l'usage des ballons dirigeables ! » — Toute liberté est laissée aux concurrents pourvu que l'œuvre revête un caractère architectural.

De tout cœur nous souhaitons aux candidats de refaire une nouvelle Galerie des Machines. Il n'en coûtera seulement que *dix millions de francs*, la main-d'œuvre et les matériaux ayant élevé leurs prix de 25 pour cent depuis 1887.

Jules LELOUP.

Restes de la Galerie des Machines, au 23 novembre 1909.
(Cliché Ch. Henrich).

TABLE DES MATIÈRES

LA ROCHE-SUR-YON. — IMPRIMERIE CENTRALE DE L'OUEST

www.ingramcontent.com/pod-product-compliance
Ingram Content Group UK Ltd.
Pitfield, Milton Keynes, MK11 3LW, UK
UKHW022344120726
13694UKWH00004B/1662